Justin Ushahemba Ikpeakor
Dooshima Stephanie Bem
Ushie Emmanuel Adie

Aproveitamento dos meios de comunicação social para a informação agrícola em África:

Justin Ushahemba Ikpeakor
Dooshima Stephanie Bem
Ushie Emmanuel Adie

Aproveitamento dos meios de comunicação social para a informação agrícola em África:

Desafios e necessidades de formação

ScienciaScripts

Imprint
Any brand names and product names mentioned in this book are subject to trademark, brand or patent protection and are trademarks or registered trademarks of their respective holders. The use of brand names, product names, common names, trade names, product descriptions etc. even without a particular marking in this work is in no way to be construed to mean that such names may be regarded as unrestricted in respect of trademark and brand protection legislation and could thus be used by anyone.

Cover image: www.ingimage.com

This book is a translation from the original published under ISBN 978-620-8-22573-5.

Publisher:
Sciencia Scripts
is a trademark of
Dodo Books Indian Ocean Ltd. and OmniScriptum S.R.L publishing group

120 High Road, East Finchley, London, N2 9ED, United Kingdom
Str. Armeneasca 28/1, office 1, Chisinau MD-2012, Republic of Moldova, Europe
Managing Directors: Ieva Konstantinova, Victoria Ursu
info@omniscriptum.com

Printed at: see last page
ISBN: 978-620-8-51613-0

Aproveitamento dos meios de comunicação social para a informação agrícola em África: Desafios e formação

Necessidades

Justin Ushahemba Ikpeakor

Instituto de Tecnologia da Força Aérea (A FIT), Kaduna, Nigéria

justinikpeakor@gmail.com

+234 806 457 0874

Dooshima Stephanie Bem

Universidade Estatal de Benue, Makurdi, Nigéria

dooshima.92018@gmail.com

+234 706 500 8467

&

Ushie Emmanuel Adie

Universidade Bayero, Kano, Nigéria

emmyadoshi@gmail.com

+234 803 762 4771

Visão geral

O livro examina o potencial transformador das redes sociais no sector agrícola em África, destacando tanto as suas oportunidades como os seus desafios. O livro discute a forma como as redes sociais podem melhorar o acesso ao mercado, fornecer soluções de marketing rentáveis e facilitar a comunicação em tempo real entre agricultores e consumidores, melhorando, em última análise, a produtividade agrícola. No entanto, também aborda barreiras significativas, como a conetividade limitada à Internet, a falta de formação em literacia digital e o risco de sobrecarga de informação. Para maximizar os benefícios destas plataformas, o livro sublinha a necessidade de programas de formação específicos que dotem os agricultores de competências essenciais em matéria de criação de conteúdos, estratégias de criação de redes e utilização eficaz das ferramentas das redes sociais. Ao defender uma abordagem estratégica para a integração das redes sociais nas práticas agrícolas, o livro enfatiza o seu potencial para promover a colaboração, melhorar a comunicação e melhorar os resultados para os agricultores em todo o continente.

Palavras-chave: Redes Sociais, Acesso ao Mercado, Literacia Digital, Sobrecarga de Informação, Estratégias de Networking, Produtividade Agrícola.

CAPÍTULO UM

INTRODUÇÃO

Antecedentes do estudo

A Nigéria é frequentemente descrita como uma sociedade predominantemente agrícola. Isto deve-se ao facto de 70% da sua população ainda se dedicar à agricultura. Embora mais de 70% desta população ainda opere a um nível de subsistência, a importância da agricultura para a Nigéria enquanto nação reside no facto de contribuir com mais de 40% do Produto Interno Bruto (PIB). Por isso, os sucessivos governos têm continuado a investir no sector agrícola para aumentar a produção agrícola. Em 2008, por exemplo, o Governo Federal da Nigéria gastou vinte e quatro mil milhões de nairas em investigação e desenvolvimento agrícola (ASTI, 2010). Várias agências governamentais e académicas estão também envolvidas na investigação agrícola (Donye, 2018). Apesar disso, o sector ainda não está à altura das expectativas. Um dos factores que se diz ser responsável por esta situação é a fraca comunicação dos resultados da investigação agrícola.

Em todas as sociedades humanas, a comunicação é importante porque é um meio através do qual o homem interage e estabelece relações significativas. Assim, a comunicação entre grupos profissionais, amigos e associados dá espaço às pessoas para definirem os seus interesses colectivos, identidades e objectivos comuns. O Longman Dictionary of Contemporary English define a palavra "connect" como "juntar". É um facto conhecido que, se duas pessoas ou acontecimentos estiverem unidos, irão certamente afetar-se mutuamente - não admira o adágio "duas cabeças são melhores do que uma". O Livro Sagrado dos Cristãos confirma-o mesmo quando diz que um perseguirá mil, enquanto dois porão em fuga dez mil. Isto sugere, portanto, que nenhum homem pode ficar à margem.

Nas zonas rurais do Estado de Benue, na Nigéria, onde a agricultura é a espinha dorsal dos meios de subsistência e de sustento, o acesso a informação agrícola atempada e relevante é crucial para aumentar a produtividade, a sustentabilidade e o bem-estar geral. O aparecimento e a adoção generalizada de plataformas de redes sociais representam uma oportunidade única para revolucionar a divulgação de conhecimentos agrícolas entre os agricultores destas comunidades remotas.

O Estado de Benue, frequentemente referido como o *"Cesto Alimentar da Nação"*, orgulha-se de possuir um rico património agrícola, desempenhando as actividades agrícolas um papel central na economia e na cultura da sua população rural. Apesar da abundância de recursos naturais e do potencial agrícola, muitos agricultores destas zonas enfrentam obstáculos ao acesso a informações actualizadas, às melhores práticas, às tendências do mercado e às previsões meteorológicas que poderiam melhorar significativamente a sua produtividade e os seus meios de subsistência. Os modos tradicionais de divulgação da informação, como as emissões de rádio e os serviços de extensão, têm limitações para chegar a todos os agricultores nas vastas e diversificadas paisagens rurais do Estado de Benue.

A informação agrícola é um ingrediente indispensável para a transferência efectiva de tecnologias agrícolas (Donye, 2018). O acesso a informação agrícola fiável e oportuna melhora o desempenho dos agricultores e de outros

intervenientes agrícolas (Ogessa & Sife, 2018). Para que haja um desenvolvimento agrícola sustentável, é necessário partilhar informações actuais, relevantes e oportunas com a comunidade de agricultores
(Partap e Manju 2021).

A informação tecnológica e outra informação agrícola só podem ser benéficas se forem corretamente divulgadas aos utilizadores finais a que se destinam. Para o conseguir, é necessário utilizar diferentes canais de difusão da informação. Existem muitos canais de divulgação da informação no sector agrícola. A abordagem tradicional de disseminar a informação agrícola através de contactos presenciais com a extensão tem registado várias deficiências em muitos países em desenvolvimento como a Nigéria (Ogessa & Sife, 2018). Isto exige a utilização de outros canais de comunicação, como as redes sociais.

As redes sociais são uma forma de comunicação eletrónica (como os sítios Web para redes sociais e os microblogues) através da qual os utilizadores criam comunidades em linha para partilhar informações, ideias, mensagens pessoais e outros conteúdos (como vídeos). É a forma mais recente e emergente de comunicação digital. Desde a introdução das redes sociais, a comunicação tornou-se mais virtual do que física, tendo transformado a forma como as pessoas comunicam através da produção de conteúdos, da interação, do envolvimento, da partilha e da criação de redes (Ifejika et al., 2019).

A utilização e a popularidade das redes sociais cresceram em resultado das rápidas mudanças tecnológicas. As organizações utilizam cada vez mais as redes sociais como uma nova forma de chegar mais eficazmente aos clientes e de divulgar mais rapidamente as notícias sobre as suas actividades (Ayinde, et al., 2020). Tendo em conta o que precede, as redes sociais são uma verdadeira ferramenta para a prestação de informações agrícolas, tendo em conta que o elemento principal da informação agrícola é a comunicação; ajudarão a interagir com os clientes em linha, ajudando a comunidade rural a ganhar voz, tornando o desenvolvimento ascendente e envolvendo todos os actores dos sistemas de inovação agrícola na mesma plataforma.

Há uma multiplicidade de ferramentas de redes sociais disponíveis. Estas vão desde o Facebook, WhatsApp, We chat, QQ, Twitter, Pinterest, blogues, YouTube, Instagram, Wikis, Facebook messenger, Snap chatetc (Thakur & Chander, 2018). Entre estas plataformas de redes sociais, o Youtube, o Facebook, o Twitter, o Instagram e o WhatsApp têm sido utilizados com mais frequência na agricultura para diferentes fins (Verma & Yogesh, 2021; Mamgain, 2020, Thakur & Chander, 2018).

Estudos recentes mostram que as plataformas dos meios de comunicação social estão a desempenhar papéis significativamente diferentes na agricultura, que vão desde as fontes de informação até à comercialização e fornecimento de informações agrícolas em diferentes partes do mundo. Por exemplo, Gurdeep Singh et al. (2021) observaram que a maioria dos agentes de extensão utiliza plataformas de redes sociais como o YouTube, o WhatsApp e o Facebook como fontes de informação agrícola. Além disso, Idu et al. (2021) indicaram que as redes sociais tinham ajudado a envolver os jovens na agricultura através dos serviços de extensão. Além disso, o estudo de Inegbedion, et al. (2021) sobre a utilização das redes sociais na comercialização de produtos agrícolas e no volume de negócios dos agricultores no sul da Nigéria observou que as redes sociais aumentam a eficiência e o volume de negócios dos agricultores e concluiu que os canais das redes sociais (WhatsApp e Instagram) influenciaram significativamente a redução de custos e, portanto, a eficiência na comercialização. Ghosh et al (2021) constatou que as redes sociais têm sido utilizadas para divulgar informações agrícolas pelos agentes de extensão

Existem muitas vantagens na utilização das redes sociais, algumas das vantagens delineadas por Mamgain, (2020) incluem a relação custo-eficácia, o alcance simultâneo de um grande número de clientes, a localização e a especificidade do cliente, o conteúdo gerado pelo utilizador orientado para os problemas e a discussão entre os membros da comunidade. Outros são a facilidade de acesso a partir de telemóveis, o aumento da presença na Internet das organizações de extensão e o alcance dos seus clientes, a democratização da informação, tornando-a acessível a todos, reunindo todas as partes interessadas numa única plataforma, e medindo o alcance e o sucesso do trabalho de informação agrícola através do acompanhamento do número de visitantes, amigos e seguidores. Tendo em conta estas vantagens, as redes sociais devem ser integradas no trabalho agrícola.

Declaração do problema

Embora o potencial das redes sociais para melhorar a disseminação da informação agrícola nas zonas rurais do Estado de Benue seja evidente, tal como referido por Aar

(2023), existem vários desafios e lacunas críticos que precisam de ser resolvidos para maximizar o seu impacto e eficácia. Estes desafios incluem o acesso limitado à tecnologia digital, onde muitos agricultores nas zonas rurais do Estado de Benue podem não ter smartphones, conetividade à Internet ou as competências necessárias para utilizar eficazmente as plataformas das redes sociais para aceder à informação agrícola. Este fosso digital pode dificultar o alcance e o envolvimento das iniciativas de partilha de informação através das redes sociais. Outro desafio é a fiabilidade e a credibilidade da informação, uma vez que a proliferação de informação não verificada ou enganosa nas plataformas das redes sociais pode minar a confiança e a fiabilidade da informação agrícola partilhada em linha. Os agricultores podem ter dificuldade em discernir os conselhos exactos e científicos da desinformação, o que pode levar a riscos potenciais na implementação de práticas agrícolas. As barreiras linguísticas e de comunicação também representam um desafio, dada a diversidade de línguas faladas nas comunidades rurais do Estado de Benue. Garantir que a informação agrícola partilhada nas redes sociais é acessível e compreensível para todos os agricultores é crucial para ultrapassar estas barreiras e aumentar a inclusão e a eficácia dos esforços de divulgação de informação através de canais digitais.

Além disso, a sustentabilidade e a escalabilidade das iniciativas têm de ser avaliadas para garantir um impacto a longo prazo. Sem recursos adequados, apoio técnico e envolvimento da comunidade, as iniciativas de partilha de informação baseadas nas redes sociais podem ter dificuldade em manter a relevância e o impacto ao longo do tempo. As preocupações com a privacidade e a segurança dos dados também são significativas, uma vez que os agricultores e outras partes interessadas podem estar preocupados com a sua privacidade e segurança dos dados quando utilizam plataformas de redes sociais para aceder e partilhar informações agrícolas. Para criar confiança e promover uma participação contínua, é essencial responder a estas preocupações e garantir a aplicação de medidas de proteção dos dados.

A resolução destes desafios e lacunas é crucial para aproveitar todo o potencial das redes sociais na transformação da disseminação da informação agrícola nas zonas rurais do Estado de Benue. Ao compreender e mitigar estes obstáculos, as partes interessadas podem conceber estratégias, ferramentas e intervenções mais eficazes que potenciem as redes sociais para capacitar os agricultores, promover práticas sustentáveis e aumentar a produtividade agrícola na região.

Objectivos

O estudo procura atingir os seguintes objectivos:

i. Investigar o papel das redes sociais na divulgação de informação agrícola nas zonas rurais do estado de Benue, na Nigéria.
ii. Identificar os desafios encontrados na utilização das redes sociais para a divulgação de informação agrícola na zona de estudo.
iii. Determinar as áreas de necessidades de formação sobre a utilização das redes sociais para comunicar informações agrícolas entre os agricultores e os profissionais agrícolas na área de estudo.

Questões de investigação

Este estudo procura responder às seguintes questões:

i. Qual é o papel das redes sociais na divulgação de informações agrícolas nas zonas rurais do estado de Benue, na Nigéria?

ii. Quais são os desafios encontrados na utilização das redes sociais?

iii. Quais são as áreas de necessidade de formação sobre a utilização das redes sociais para comunicar informações agrícolas?

Importância do estudo

O estudo contribui para o acervo de conhecimentos existente, explorando a forma como as plataformas de redes sociais podem ser utilizadas nos serviços de extensão rural agrícola. Ajuda a validar e a desafiar as teorias existentes relacionadas com a divulgação de informações, os canais de comunicação e a adoção de tecnologias na agricultura.

O estudo constitui uma oportunidade para os académicos e investigadores se aprofundarem numa área relativamente inexplorada, oferecendo uma perspetiva do papel das redes sociais na melhoria das práticas agrícolas e na garantia da segurança alimentar nas comunidades rurais. Este estudo serve de base para novas investigações sobre o aproveitamento das plataformas digitais para iniciativas de desenvolvimento rural.

Os resultados deste estudo podem informar os decisores políticos e as agências governamentais sobre os potenciais benefícios da integração das redes sociais nos seus programas de extensão agrícola. O estudo conduzirá ao desenvolvimento de políticas e estratégias adaptadas que aproveitem as redes sociais para colmatar lacunas de informação, melhorar o acesso ao mercado e aumentar a produtividade agrícola nas zonas rurais do Estado de Benue e não só. Além disso, os decisores políticos podem utilizar os resultados do estudo para afetar recursos de forma eficaz, promover a literacia digital entre os agricultores e apoiar a utilização sustentável das redes sociais para o desenvolvimento agrícola.

Em suma, compreender o impacto das redes sociais na divulgação de informação agrícola nas zonas rurais do Estado de Benue, na Nigéria, não só é academicamente enriquecedor, como também tem o potencial de promover mudanças positivas nas práticas agrícolas, na partilha de conhecimentos e no desenvolvimento comunitário através da elaboração de políticas baseadas em provas.

Âmbito do estudo

A investigação centra-se na influência das plataformas das redes sociais na distribuição de conhecimentos agrícolas nas regiões rurais do Estado de Benue, na Nigéria. Este estudo investigará a forma como os vários canais das redes sociais contribuem para a divulgação de informação agrícola entre as comunidades rurais do Estado de Benue. A investigação pretende avaliar a eficácia da utilização das plataformas das redes sociais na divulgação de conhecimentos, técnicas e recursos agrícolas essenciais aos agricultores das zonas rurais. Ao examinar o impacto das redes sociais na partilha de conhecimentos e na comunicação no sector agrícola do Estado de Benue, o estudo pretende lançar luz sobre os potenciais benefícios e desafios associados ao aproveitamento das plataformas digitais para a troca de informações agrícolas nas comunidades rurais.

Limitações do estudo

Algumas limitações potenciais do estudo sobre o impacto das redes sociais na divulgação de informações agrícolas nas zonas rurais do Estado de Benue, na Nigéria, incluem

1. **Problemas de conetividade:** As zonas rurais do Estado de Benue têm acesso limitado a ligações fiáveis à Internet, o que pode dificultar a utilização eficaz das plataformas de redes sociais para a divulgação de informações agrícolas.

2. **Literacia digital:** Os agricultores das zonas rurais têm níveis variáveis de literacia digital, o que dificulta a utilização plena das plataformas das redes sociais para aceder e partilhar conhecimentos agrícolas.

3. **Barreiras linguísticas:** As informações agrícolas partilhadas através de plataformas de redes sociais têm de ser apresentadas nas línguas locais para garantir uma comunicação eficaz com os agricultores rurais que podem não dominar o inglês.

4. **Falta de sensibilização:** Alguns agricultores das zonas rurais não conhecem ou podem não se envolver ativamente com as plataformas de redes sociais, limitando o alcance e o impacto dos esforços de divulgação da informação agrícola.

5. **Questões de confiança:** Os agricultores rurais estão mais inclinados a confiar nas fontes tradicionais de informação, como os serviços locais de extensão agrícola ou a comunicação boca-a-boca, o que leva ao ceticismo quanto à fiabilidade da informação agrícola partilhada nas redes sociais.

6. **Representação da amostra:** As conclusões do estudo serão limitadas pela representatividade da amostra de agricultores incluída na investigação, uma vez que pode não captar totalmente a diversidade de perspectivas e experiências em todas as

zonas rurais do Estado de Benue.

7. **Factores externos:** Os factores externos, como as condições económicas, as políticas governamentais e os desafios ambientais, também influenciam a eficácia das redes sociais na divulgação de informações agrícolas, e estes factores podem não ser totalmente tidos em conta no estudo.

Definição de termos

1. **Impacto:** No contexto deste estudo, o impacto refere-se ao efeito ou influência que as plataformas de redes sociais têm na distribuição, acessibilidade e utilização da informação agrícola entre os agricultores das zonas rurais do Estado de Benue.

2. **Redes sociais:** As redes sociais englobam várias plataformas de comunicação em linha que permitem aos utilizadores criar e partilhar conteúdos, participar em redes sociais e em comunidades virtuais. Os exemplos incluem o Facebook, o Twitter, o Instagram, o WhatsApp e o YouTube.

3. **Disseminação:** O termo "disseminação" refere-se à distribuição e partilha de informação agrícola a um vasto público através de vários canais, incluindo plataformas de redes sociais, neste estudo.

4. **Informação agrícola:** A informação agrícola inclui dados, conhecimentos e recursos relacionados com práticas agrícolas, cultivo de culturas, gestão de gado, agronegócio, tendências de mercado, previsões meteorológicas e outros tópicos relevantes essenciais para o sector agrícola.

5. **Zonas rurais:** As zonas rurais são regiões geográficas caracterizadas por uma baixa densidade populacional, acesso limitado a infra-estruturas e serviços e economias

predominantemente agrárias. No presente estudo, as zonas rurais referem-se especificamente às comunidades agrícolas do Estado de Benue, na Nigéria.

6. **Estado de Benue, Nigéria:** O Estado de Benue é um Estado localizado no centro da Nigéria, conhecido pelas suas actividades agrícolas, incluindo o cultivo de culturas, a criação de gado e a produção de alimentos. O estudo centra-se no impacto das redes sociais na divulgação de informação agrícola, especificamente nas zonas rurais do Estado de Benue.

CAPÍTULO DOIS

REVISÃO DA LITERATURA

A literatura para este estudo foi revista de acordo com os seguintes subtítulos, com base nos objectivos do estudo.

O conceito de redes sociais

As redes sociais são uma tecnologia que se baseia na existência da Internet e, por conseguinte, apresentam a maioria das caraterísticas da Internet. Mark-Anthony, Chukwuemeka e Martins (2021) definem as redes sociais "como ferramentas baseadas na Web que melhoram o conteúdo gerado pelo utilizador e campanhas destinadas à partilha de informações de várias formas. O seu principal objetivo é promover a interação entre as pessoas, o seu grupo e a comunidade." Do mesmo modo, Simisaye e Adeyoye (2015) definiram as redes sociais como um conjunto de aplicações baseadas na Internet que assentam nos fundamentos ideológicos e tecnológicos da Web 2.0 (em que os sítios facilitam a interação e a colaboração entre os utilizadores num diálogo de redes sociais) e que permitem a criação e o intercâmbio de conteúdos gerados pelos utilizadores. Entre as tecnologias que moldaram e melhoraram a comunicação atual, encontram-se as chamadas "tecnologias de comunicação social [media]".

Enquanto tecnologia interactiva, as redes sociais facilitam a criação e a partilha de informações, ideias, interesses e outras formas de expressão através de comunidades e redes virtuais. A informação gerada por um utilizador pode ser uma opinião, vídeo, áudio e multimédia, que pode ser partilhada e discutida através de uma rede digital. De acordo com Stanley (2022), o poder do século XXI está agora literalmente nas nossas mãos. Nunca antes dispusemos de uma ferramenta tão poderosa para nos ligarmos a milhões de pessoas a partir do conforto da nossa própria casa e em todo o mundo; está a mudar a forma como se fazem negócios. Stanley (2022) argumentou ainda que "os meios de comunicação social deram o poder à voz do cidadão comum e, embora isso possa trazer desafios, as oportunidades estão aí para serem aproveitadas".

Existem diferentes tipos de plataformas de redes sociais e também diferentes formatos de informação veiculados por estas plataformas, como vídeo, áudio, texto e gráficos, que estão disponíveis e que podem ser utilizados por indivíduos e grupos. Wong (2021) analisou nove tipos de plataformas e formatos de redes sociais. Estes incluem:

i. Plataformas áudio sociais

ii. Plataformas de vídeo

iii. Formatos de conteúdo que desaparecem (a mensagem partilhada é eliminada após 24 horas)

iv. Fóruns de discussão

v. Redes sociais compráveis

vi. Transmissão em direto nas redes sociais

vii. Redes sociais empresariais

viii. Plataformas de redes sociais de comunidades fechadas/privadas

ix. Plataformas de redes sociais inspiradoras

Algumas destas plataformas e formatos poderiam ser utilizados para melhorar a segurança alimentar através da partilha de informações sobre as melhores práticas agrícolas com os agricultores da Nigéria. A informação, de acordo com Mark-Antony, Chukwuemeka e Martins (2021), é poder e a informação agrícola é pertinente para desbloquear o potencial do sector agrícola. Libertar o potencial do sector agrícola através da utilização das redes sociais resultará na produção de mais alimentos para a população. A produção de mais alimentos significa a eliminação da insegurança alimentar no país.

O conceito de informação agrícola

A palavra agricultura é um termo geral, considerado por muitos como uma ciência, por outros como uma arte e por outros ainda como uma atividade profissional relacionada com o cultivo da terra, a produção de colheitas, a criação e a criação de gado. A National Geographic Society (2023) define a agricultura como "a arte e a ciência de cultivar o solo, cultivar colheitas e criar gado. Inclui a preparação de produtos vegetais e animais para uso humano e a sua distribuição nos mercados." Para reforçar este ponto de vista, Harrison e Fuller (2014) afirmaram que a agricultura é a palavra mais abrangente que é usada para denotar as muitas maneiras pelas quais as plantas cultivadas e os animais domésticos sustentam a comunidade humana global, fornecendo alimentos suficientes e adequados e outros produtos. A informação agrícola pode assim ser considerada como o conhecimento acumulado pelo homem no domínio da prática agrícola. Tadesse (2008) citado em Adio, Yusuf, Kunle e Shehu (2016) descreveu a informação agrícola como os vários conjuntos de informações e mensagens que são relevantes para as actividades de produção agrícola dos agricultores, tais como a produção e a proteção das culturas, a produção e a gestão dos animais, a produção e a conservação dos recursos naturais, etc.

Atualmente, a informação é o recurso mais importante, não só na agricultura, mas também nas operações e na gestão de organizações, indústrias, indivíduos, governos e empresas privadas. Os indivíduos e as organizações que conseguem assegurar, dominar e utilizar a informação em seu benefício prosperam, enquanto os que têm uma base de informação deficiente ou inexistente continuarão a definhar. De acordo com Adio, et. al. (2016), a informação foi descrita como o conhecimento acumulado pelo homem em todos os assuntos, sob todas as formas e de todas as fontes que poderiam ajudar os utilizadores dessa informação a melhorar e desenvolver intelectualmente as suas actividades. Por outras palavras, a informação fornece ao utilizador melhores alternativas para a tomada de decisões críticas. Isto significa que a principal função da informação é aumentar o conhecimento do utilizador e reduzir o seu nível de incerteza ou reduzir a variedade de escolhas à sua disposição. Não há dúvida, portanto, de que a informação é muito importante em todos os aspectos da atividade humana, incluindo a agricultura.

Discutindo os constituintes da informação agrícola, Oyindeinbofa (2017) vê a informação agrícola como o conhecimento que ajuda os agricultores a alcançar o máximo rendimento agrícola. Ele observou que a informação é o insumo menos dispendioso, no que diz respeito aos implementos agrícolas, para um melhor desenvolvimento agrícola rural, pois ajuda os agricultores a ter conhecimento sobre novas técnicas e tecnologias agrícolas, plantação de sementes tratadas, conservação do solo, prevenção de plantas e doenças animais, aplicação de fertilizantes, armazenamento adequado de produtos agrícolas, técnicas de comercialização e outras actividades agrícolas. Assim, com informação adequada à sua disposição, os agricultores podem ser capazes de produzir mais alimentos para si próprios e para as suas comunidades, melhorando assim a sua segurança alimentar e eliminando a sua insegurança.

Para gerar e transmitir informações sobre as melhores práticas aos agricultores, a maior parte dos países do mundo recruta e emprega trabalhadores da extensão agrícola. Os extensionistas agrícolas são intermediários entre a investigação e os agricultores. Actuam como facilitadores e comunicadores, ajudando os agricultores na sua tomada de decisões e assegurando que os conhecimentos adequados são implementados para obter os melhores resultados no que diz respeito à produção sustentável e ao desenvolvimento rural geral (Commonwealth 2022). Além disso, Jobvine.com (2022) descreveu o trabalho de um extensionista agrícola como aquele que trabalha diretamente com os agricultores e as empresas relacionadas com a agricultura. O seu papel principal é ajudar os agricultores a tomar melhores decisões para aumentar a produção agrícola. O extensionista está constantemente munido das mais recentes técnicas e informações relacionadas com as melhores práticas agrícolas e transmite essas informações aos agricultores. No entanto, apesar da importância dos extensionistas agrícolas para os agricultores, parece que na Nigéria não existe um número adequado de pessoal dos serviços de extensão para dar resposta ao número crescente de agricultores no país. Trata-se de um sério desafio para o desenvolvimento agrícola. Por exemplo, em 2019, a Nigéria tinha um número total de 14.000 extensionistas cobrindo todo o país. Deste número, 6.000 estavam empregados no sector público e os restantes 8.000 estavam empregados no sector privado (Udegbunam 2021), o que significa que muitos agricultores são deixados aos seus próprios perigos de utilizar práticas agrícolas ultrapassadas. Adejo e Opeyemi (2019) observaram que a agricultura requer informação e conhecimentos técnicos e, portanto, a necessidade de extensionistas que utilizaram diferentes métodos de comunicação, tais como visitas às explorações agrícolas e ao domicílio, o uso de agricultores de contacto, meios de comunicação social e assim por diante. Eles descreveram esses métodos como limitados e, portanto, recomendam o uso de tecnologias de informação e comunicação novas e emergentes pelos provedores de informação agrícola. É aqui que as ferramentas das redes sociais podem ser utilizadas para colmatar o fosso entre os agricultores e a falta de um número adequado de técnicos de extensão agrícola.

Utilização das redes sociais para divulgar informações agrícolas

Enquanto tecnologias de comunicação interactiva contemporâneas, os meios de comunicação social incluem várias ferramentas que permitem às pessoas trocar informações a nível local e global. De acordo com Kesherwani, Rout, Padhy e Ravichandran (2022), os agricultores podem adquirir conhecimentos, informações e ideias com a ajuda dos meios de comunicação social, e há oportunidades para chegar a peritos, como investigadores, cientistas, agrónomos, ambientalistas e outros. Argumentam que, com a ajuda destes meios de comunicação, "os agricultores aumentaram a sua produção, qualidade, quantidade e negócio".

Sobre a utilização das redes sociais pelos agricultores, Team (2018), revelou que os agricultores que utilizam as redes sociais as utilizam quase todos os dias e que o Youtube é uma das plataformas de redes sociais mais populares, na qual mais de cinquenta por cento dos agricultores utilizam para saber notícias gerais, apreciar música ou vídeos sobre práticas agrícolas. Este resultado é semelhante ao apresentado por Spielman,

Makhija e Campenhout (2021), que indicaram a aceitação das redes sociais como um modo de comunicação entre os agricultores e os trabalhadores da extensão agrícola em alguns países desenvolvidos e em desenvolvimento, como os Estados Unidos, o Paquistão, a Índia, o Quénia e muitos outros países em desenvolvimento.

As plataformas/ferramentas das redes sociais, como o Facebook, o Youtube e o WhatsApp, estão a tornar-se melhores fontes de divulgação de informação sobre a produção agrícola e a sua promoção. A divulgação da informação pode ser feita de um para um ou de um para muitos. Latif, Iftikhar e Shahzadi (2020) exploraram o papel das redes sociais na divulgação de informação agrícola no Paquistão. Observaram que o YouTube foi aceite como o melhor meio de comunicação para a aprendizagem e o desenvolvimento de competências entre os agricultores do Paquistão. Além disso, o seu estudo também concluiu que as redes sociais são adequadas para a promoção de práticas agrícolas, uma vez que permitem aos agricultores poupar tempo e custos através da recolha de dados a partir dos seus smartphones, em qualquer lugar e a qualquer momento.

Outra área importante da utilização das redes sociais é o seu poder de enviar e receber comunicações dos membros participantes de um grupo social. Kesherwani, et.al (2022) discutiram a influência das redes sociais. Observaram que as redes sociais não só permitem a ligação e a partilha de informações, como também podem ser utilizadas a qualquer hora, em qualquer lugar e por qualquer pessoa no mundo. Como resultado, 5.385.798.406 ou (67,9%) da população mundial (7.932.791.734) utilizaram a Internet e as suas outras tecnologias (InternetWorldStat.com, 2022). O relatório sublinhou ainda que "os meios de comunicação social cresceram na Internet e estão a mudar a forma como as pessoas utilizam a Web à escala mundial nos Estados Unidos da América e no resto do mundo". O relatório argumentou ainda que a população mundial está a aumentar a um ritmo alarmante, enquanto a terra necessária para cultivar os alimentos para o aumento da população está a diminuir. Isto faz com que a partilha de informações sobre as melhores práticas agrícolas através das redes sociais seja significativa, porque permitirá a produção de alimentos adequados e de alta qualidade para alimentar a população em crescimento, garantindo assim a segurança alimentar, especialmente nos países em desenvolvimento onde os agricultores dificilmente produzem alimentos suficientes para o seu sustento durante um determinado ano.

Há um grande número de artigos que indicam a adoção e a utilização de uma ou outra forma plana na agricultura. Varner (2018), numa resposta à questão de saber porque é que os agricultores se devem preocupar com as redes sociais, observou que "é realmente muito simples: Ele enfatizou ainda que os consumidores não estão apenas aprendendo sobre a produção de alimentos, mas também estão usando-a para se comunicar e se educar, apontando que, se você tiver uma conversa individual sobre um problema, apenas a pessoa com quem você está falando se beneficia das informações que você entrega. Mas se a informação for partilhada através das redes sociais, é provável que chegue a milhões de outros produtores que fazem a mesma pergunta ou enfrentam problemas semelhantes.

As redes sociais e a sua relevância na divulgação de informação agrícola

As redes sociais incluem uma grande variedade de tecnologias que facilitam os processos de comunicação e interação entre indivíduos, grupos de pessoas e organizações. As plataformas de redes sociais são, por conseguinte, ferramentas de comunicação utilizadas para partilhar informações e itens rapidamente. As redes sociais ligam as pessoas de uma forma simples e fácil. Através das redes sociais, as pessoas que se associam entre si podem partilhar pensamentos, ideias, objectos, etc. As plataformas de redes sociais ajudam os cidadãos a explorar novas formas de cooperação e de ação colectiva, proporcionando assim oportunidades para mobilizar as pessoas em torno de uma causa comum ou para sensibilizar o público para questões específicas (Kamp, 2016). As redes sociais são uma plataforma artificial de "conhecimento comum" onde um evento ou produto pode ser altamente valorizado. As redes sociais são um canal contemporâneo de comunicação digital composto por várias ferramentas evolutivas para discussão, interação e partilha de formação entre as pessoas. Estas ferramentas digitais incluem, entre outras, o Facebook, o Twitter, o WhatsApp, o Farmbook e o ResearchGate (Kanska, Jarolimek, Itlavsa, Simek, Vanek & Vogeltanzora, 2012; Barau & Afrad, 2017).

Os meios de comunicação social consistem na criação, partilha, adaptação e reutilização de conteúdos, ao mesmo tempo que se envolvem no diálogo e na colaboração digitais, actividades que são amplamente facilitadas por tecnologias baseadas na Web e em dispositivos móveis. As redes sociais são canais de comunicação de interação modernos através dos quais as pessoas se ligam umas às outras, partilham ideias, experiências, imagens, mensagens e informações de interesse (Chisenga, Kedeni e Sam, 2014; Benson, Okorafor & Ekeruche, 2017).

Os meios de comunicação social proporcionaram aos agricultores e às partes interessadas na agricultura a oportunidade de reforçar as suas interações com os co-agricultores e outras partes interessadas na atividade agrícola. As redes sociais tornaram-se uma componente integral do sistema de comunicação, tanto nos países desenvolvidos como nos países em desenvolvimento do mundo. Aproveitando os meios de comunicação social, os agricultores podem comunicar facilmente e utilizar informações vitais que podem contribuir para obter rendimentos elevados e aumentar a sua produtividade, contribuindo assim também para a plena realização da agenda 2063 da UA.

As redes sociais, enquanto instrumento de comunicação, ajudariam os agricultores rurais e urbanos a partilhar informações relacionadas com a agricultura. Os agricultores não só utilizam as redes sociais para as suas actividades agrícolas pessoais, como também podem utilizá-las para actividades agrícolas de grupo ou de colaboração. No que respeita à agricultura, as redes sociais proporcionaram muitas oportunidades aos agricultores e facilitaram o processo de venda das colheitas através de esquemas em linha, o que resultou na eliminação dos intermediários. No entanto, a atualidade da informação agrícola é crucial para o sucesso dos agricultores e estes devem receber a informação no momento certo, de modo a aplicá-la nas suas actividades agrícolas para melhorar a sua produtividade (Rai e Shalila (2013; Naruka et al, 2017).

Os agricultores utilizam as redes sociais para dar um rosto à forma como os alimentos são cultivados. Os agricultores partilham fotografias e histórias sobre a forma como as suas explorações agrícolas são geridas, estabelecendo uma ligação pessoal com os consumidores (National Sustainable Agriculture Information Services, 2012). De acordo com Stanley (2013), o valor das redes sociais para o sector agrícola reside no valor do capital social, uma vez que aproxima o agricultor, a indústria e o consumidor, para que haja mais transparência, envolvimento, confiança e autenticidade na cadeia de abastecimento. Um número crescente de profissionais, entre os quais agrónomos e agricultores, está a utilizar as redes sociais como uma ferramenta para comunicar com colegas, consumidores e futuros clientes sobre o negócio da agricultura (Vassiliado et al, 2011).

Os meios de comunicação social asseguraram uma rápida entrega e resposta à informação entre o recetor e o emissor. É uma forma eficaz de garantir o sucesso e a sustentabilidade de um subsector de extensão agrícola viável (Barau & Afrad, 2017). A aplicação das redes sociais nas actividades agrícolas permitiria aos agricultores receber e partilhar informações atempadas com os co-agricultores, os consumidores dos seus produtos e outras partes interessadas no desenvolvimento agrícola. Os meios de comunicação social alteraram a dimensão e as abordagens da prestação de serviços de informação, uma vez que abriram aos profissionais das ciências da informação um mundo de possibilidades ilimitadas no cumprimento das suas responsabilidades profissionais (Benson, Amaechi & Onuoha, 2017).

Desafios da utilização das redes sociais na divulgação de informação agrícola aos agricultores

Os desafios que as bibliotecas públicas e comunitárias, bem como outros centros de informação nos países em desenvolvimento, enfrentaram durante a utilização das redes sociais para divulgar informação incluem, entre outros, os seguintes

a. Inexistência de Política de Redes Sociais (PMS): Não existe uma política bem definida que oriente a utilização das redes sociais na divulgação de informação agrícola. Deve haver uma definição clara das formas de informação agrícola a divulgar às pessoas, o modo de divulgação, se deve ser de forma personalizada ou de forma generalizada (fórum de discussão em grupo). Tendo reconhecido a importância dos meios de comunicação social na divulgação de informações de qualquer tipo, é pertinente que as bibliotecas formulem uma política viável de meios de comunicação social para definir que formas de informação agrícola devem ser divulgadas aos agricultores, o que reduzirá uma situação em que qualquer pessoa acorda e publica informações inúteis para os agricultores e minimizará a aplicação incorrecta dos meios de comunicação social.

b. Não uniformidade na utilização de plataformas de redes sociais entre os agricultores: há uma infinidade de redes sociais disponíveis para utilização, diferentes pessoas utilizam plataformas de redes sociais que são carateristicamente diferentes, uma vez que a maioria dos agricultores não é suscetível de estar numa única plataforma social, a divulgação de informações agrícolas por bibliotecas públicas e comunitárias torna-se um pouco problemática.

c. Falta de competências em TIC: A maior parte dos bibliotecários que trabalham em bibliotecas públicas e comunitárias nalguns países em desenvolvimento não tem conhecimentos de TIC. Uma vez que não possuem as competências necessárias em TIC, a utilização dos meios de comunicação social para divulgar informação agrícola pode ser dificultada. Além disso, vale a pena notar que este desafio é um processo bidirecional, porque a maioria dos agricultores não é compatível com as TIC, por isso, mesmo quando os bibliotecários são compatíveis e estão prontos para usar os meios de comunicação social para divulgar informações agrícolas aos agricultores, o baixo nível de literacia em TIC dos agricultores na maioria dos países em desenvolvimento em África representa um desafio para a biblioteca.

d. Falta de acesso às TICs: A maioria das bibliotecas públicas e comunitárias nos países em desenvolvimento não tem acesso total às tecnologias modernas e contemporâneas, o que aparentemente limita os esforços das bibliotecas e dos centros de informação na utilização dos meios de comunicação social para a divulgação de informação agrícola.

e. Falta de inovação e de capacidades criativas: a maioria dos bibliotecários que trabalham nas bibliotecas públicas e comunitárias carece de inovações e de capacidades criativas para explorar ao máximo o potencial inerente à aplicação das tecnologias aos serviços das bibliotecas

f. Apatia dos agricultores rurais em relação à utilização das redes sociais: Observou-se que a maioria dos agricultores rurais tende a ter uma atitude apática em relação à utilização das redes sociais para receber e partilhar informações. Este facto, sem dúvida, teria um efeito adverso na medida em que as bibliotecas públicas poderiam chegar aos agricultores através das plataformas das redes sociais.

g. Implicações em termos de custos: as bibliotecas públicas e comunitárias podem deparar-se com desafios em termos de custos na utilização das redes sociais para divulgar informação agrícola aos agricultores rurais. Como observado por Barau e Afrad (2017:58), um grande número de agricultores são subsistentes, com pouco para incorrer em custos de dados para aceder às redes sociais. Mais ainda, as redes sociais e as tecnologias móveis só serão utilizadas por pessoas que tenham dinheiro para comprar computadores ou telemóveis ou que, de outra forma, tenham acesso à Internet (Owiny, Mehta e Maretzki, 2014).

h. Falta de uma compreensão clara das necessidades de informação agrícola dos agricultores: A falta de uma compreensão clara das necessidades de informação agrícola dos agricultores é um dos principais desafios à utilização efectiva dos meios de comunicação social na divulgação de informação agrícola aos agricultores nos países em desenvolvimento. Não é de admirar que Benson Anyalebechi e Amaechi (2015:70) tenham opinado que os profissionais da biblioteca e da informação no sector das bibliotecas públicas e comunitárias devem examinar e avaliar as necessidades de informação agrícola dos habitantes das zonas rurais e desenvolver um quadro através do qual essas necessidades possam ser satisfeitas.

Perspectivas de utilização das redes sociais na divulgação de informação agrícola

Embora as bibliotecas públicas e comunitárias, bem como as que se dedicam à agricultura, enfrentem muitos desafios, existem ainda oportunidades que podem ser aproveitadas ao máximo nesta era digital

i. Flexibilidade e portabilidade dos telemóveis inteligentes: Os telemóveis inteligentes, ao contrário da televisão e dos computadores, podem ser facilmente transportados. Este facto tornou mais fácil para as bibliotecas públicas chegarem aos agricultores a qualquer hora, em qualquer dia e em qualquer lugar, desde que estejam dentro do alcance da ligação à Internet. A flexibilidade e a portabilidade dos telefones inteligentes permitirão que os agricultores os utilizem para aceder a informações agrícolas na exploração agrícola ou em qualquer lugar. Os componentes e a funcionalidade do telemóvel são altamente flexíveis e fáceis de utilizar, o que contribuirá em grande medida para o aumento da sua utilização no acesso à informação agrícola entre os agricultores e também para a sua utilização na divulgação de informação pelas bibliotecas públicas e comunitárias.

ii. Proliferação de telemóveis inteligentes: A proliferação excessiva de telefones inteligentes, como o iPhone, o Android, o Windows Phone, o Nokia e o Blackberry, que são telefones com acesso à Internet, com software e funcionalidades sofisticados incorporados, ajudará os bibliotecários e as bibliotecas públicas e comunitárias a utilizá-los para divulgar informação agrícola aos agricultores, tanto nas zonas urbanas como nas rurais. É digno de nota que os telefones inteligentes não são dispendiosos e este fator contribuirá para a sua apropriação e utilização no acesso à informação.

iii. Flexibilidade da plataforma das redes sociais: A flexibilidade das plataformas de redes sociais, que não requerem formação especial, também contribuiria significativamente para a sua utilização na divulgação de informação agrícola aos agricultores dos países em desenvolvimento. É fácil editar e carregar dados em linha.

As plataformas das redes sociais são geralmente de fácil utilização. Este facto contribuiria grandemente para a sua utilização entre os agricultores e os bibliotecários.

iv. **Elevado desejo de informação:** estamos a viver numa sociedade consciente da informação, os agricultores estão sempre conscientes de obter informações sobre o mais recente método de cultivo, o tipo de fertilizante a aplicar, o equipamento certo a utilizar na agricultura, etc. O desejo dos agricultores de aceder constantemente à informação a qualquer custo torna viável que as bibliotecas públicas e comunitárias utilizem as redes sociais como plataforma de divulgação de informação agrícola.

v. **Prevalência da ligação à Internet sem fios:** Ao contrário de antigamente, para utilizar a conetividade à Internet, era necessário ir a um cibercafé próximo, onde se cobrava por hora com base no sistema de faturação. Hoje em dia, já não é necessário visitar um cibercafé devido à prevalência da conetividade sem fios à Internet, além de que praticamente todos os smartphones estão equipados com Internet, o que facilita a ligação aos serviços de Internet. Esta é uma boa oportunidade que pode ser explorada pelas bibliotecas públicas e comunitárias.

vi. **Baixo custo dos serviços/serviços de Internet prestados pelos fornecedores de serviços de Internet:** O baixo custo de subscrição da Internet nos dias de hoje é, sem dúvida, uma boa oportunidade que pode ser aproveitada tanto pelas bibliotecas públicas como pelos agricultores na divulgação e acesso à informação, respetivamente.

vii. **Concorrência pouco saudável entre fornecedores de serviços:** A concorrência insalubre entre os fornecedores de serviços de comunicação é significativamente uma porta aberta que pode ser maximizada pelas bibliotecas públicas e comunitárias para garantir que os agricultores tenham acesso livre à informação agrícola. Por exemplo, no ambiente nigeriano, os pacotes de dados para navegação oferecidos pelas redes de comunicação como a MTN, GLO, 9mobile e AIRTEL aos seus subscritores tornariam mais fácil para as bibliotecas públicas e para os agricultores estarem sempre na Internet a divulgar e a aceder a informação agrícola. Hoje em dia, não é difícil obter pacotes de dados, por exemplo, as várias estratégias promocionais através das quais os pacotes de dados podem ser facilmente partilhados entre os assinantes facilitariam a permanência em linha dos assinantes (agricultores).

Quadro teórico

Este estudo baseou-se na teoria da difusão da inovação.

Teoria da difusão da inovação

Esta teoria explica como novas ideias, práticas ou tecnologias se espalham através de um sistema social ao longo do tempo (Bennett & Bennett, 2003). No contexto da divulgação de informação agrícola, os meios de comunicação social podem ser vistos como uma inovação que permite uma partilha de informação mais rápida e generalizada em comparação com os canais tradicionais de comunicação social, como a rádio e a televisão (Rogers, 2003).

A teoria da difusão das inovações foi postulada pela primeira vez por Everett Rogers em 1962 no seu livro "Diffusion of Innovations". Rogers, um sociólogo rural, desenvolveu esta teoria para explicar a forma como novas ideias, práticas ou tecnologias se propagam através de um sistema social ao longo do tempo.

A teoria da difusão da inovação, de acordo com Rogers (2003), postula que a adoção de uma inovação é influenciada por factores como

1. Os atributos percebidos da própria inovação, por exemplo, a vantagem relativa, a compatibilidade, a complexidade, a experimentabilidade e a observabilidade da utilização das redes sociais para a extensão agrícola.

2. Os canais de comunicação utilizados para divulgar informações sobre a inovação, por exemplo, utilizando plataformas de redes sociais para chegar aos agricultores.

3. O tempo necessário para a adoção, uma vez que os agricultores passam pelas fases de sensibilização, interesse, avaliação, experimentação e adoção.

4. O sistema social e as normas em que a inovação se difunde, por exemplo, o sistema de extensão agrícola existente e as redes sociais dos agricultores.

5. O papel dos agentes de mudança, como os investigadores agrícolas e os extensionistas, na promoção da inovação.

A teoria de Rogers tem sido amplamente aplicada em várias disciplinas para compreender a adoção de novas ideias e tecnologias, incluindo na agricultura. Fornece um quadro útil para a conceção de estratégias eficazes para promover a difusão de inovações agrícolas entre os agricultores.

Utilizando esta lente teórica, os investigadores podem examinar a forma como os atributos dos meios de comunicação social, os canais de comunicação utilizados, o tempo necessário para a adoção, o contexto do sistema social e o papel dos agentes de mudança influenciam a difusão e a adoção dos meios de comunicação social para a divulgação de informações agrícolas entre os agricultores. Isto pode ajudar a orientar a conceção de estratégias eficazes de redes sociais para a extensão agrícola.

CAPÍTULO TRÊS

DESAFIOS ENCONTRADOS NA UTILIZAÇÃO DAS REDES SOCIAIS

Introdução

A integração das redes sociais na divulgação de informações agrícolas nas zonas rurais tem o potencial de transformar a comunicação e a partilha de conhecimentos entre os agricultores. No entanto, vários desafios impedem a sua eficácia. Os principais obstáculos incluem a iliteracia, a falta de competências técnicas e problemas de acesso à Internet. O reconhecimento destes desafios é essencial para o desenvolvimento de estratégias eficazes que possam melhorar a utilização das redes sociais neste contexto.

Identificação de barreiras

1. **Analfabetismo:** O analfabetismo continua a ser um obstáculo significativo ao envolvimento efetivo com as plataformas de redes sociais nas comunidades rurais. Muitos agricultores podem ter dificuldades com competências básicas de leitura e escrita, o que limita a sua capacidade de compreender e utilizar a informação partilhada online. De acordo com Adejo e Opeyemi (2019), embora a maioria dos agricultores possa estar ciente das redes sociais, apenas uma pequena percentagem as utiliza ativamente para obter informações agrícolas, principalmente devido ao analfabetismo e às competências limitadas de literacia digital. Esta lacuna na compreensão restringe a sua capacidade de adotar práticas agrícolas inovadoras que poderiam melhorar a produtividade.

2. **Falta de competências técnicas:** A falta de competências técnicas dos agricultores complica ainda mais a utilização efectiva das redes sociais. Muitos indivíduos podem não estar familiarizados com a forma de navegar em várias plataformas ou não saber como procurar informações agrícolas relevantes. Um estudo realizado por Ramavhale et al. (2024) salienta que, embora as redes sociais possam melhorar a comunicação entre os agricultores e os extensionistas, a falta de competências técnicas dificulta esta interação. A ausência de programas de formação especificamente concebidos para melhorar a literacia digital dos agricultores agrava esta questão.

3. **Questões relacionadas com o acesso à Internet:** A conetividade à Internet continua a ser um desafio crítico em muitas zonas rurais, onde as infra-estruturas são frequentemente inexistentes. A falta de acesso à Internet limita a capacidade dos agricultores de interagirem eficazmente com as plataformas de redes sociais. Tal como referido por Rugova e Prenaj (2016), sem um acesso fiável à Internet, os potenciais benefícios da partilha de informações em tempo real são significativamente reduzidos. Os agricultores não podem receber actualizações atempadas sobre práticas agrícolas, condições meteorológicas ou preços de mercado, o que pode afetar negativamente os seus processos de tomada de decisão.

Debate sobre o impacto destes desafios

Os obstáculos acima identificados têm implicações significativas para a divulgação de informação agrícola através das redes sociais:

i. Redução do fluxo de informação

O analfabetismo e a falta de competências técnicas conduzem a um fluxo reduzido de informação agrícola crítica entre os agricultores. Quando os indivíduos não conseguem aceder ou compreender a informação, isso resulta em menores taxas de adoção de técnicas e práticas agrícolas inovadoras. Adeyeye et al. (2013) salientam que as redes sociais podem facilitar o feedback imediato e a interação entre os agricultores; no entanto, estes benefícios perdem-se quando os utilizadores não conseguem interagir eficazmente com o conteúdo.

ii. Desigualdade no acesso

O fosso digital agrava as desigualdades existentes nas comunidades rurais. Aqueles que são mais alfabetizados ou possuem melhores competências técnicas podem tirar partido das redes sociais de forma eficaz, enquanto outros são deixados para trás, o que conduz a disparidades na produtividade agrícola e na partilha de conhecimentos. Esta situação é particularmente preocupante, uma vez que perpetua ciclos de pobreza entre os agricultores menos instruídos que perdem recursos valiosos.

iii. Envolvimento limitado com os serviços de extensão

As plataformas de redes sociais oferecem oportunidades de interação entre os agricultores e os serviços de extensão agrícola. No entanto, barreiras como a iliteracia e os desafios técnicos impedem uma comunicação eficaz, reduzindo o potencial de aprendizagem e apoio colaborativos. Como salientado por Bhattacharjee e Raj (2016), a falta de envolvimento com os serviços de extensão através das redes sociais pode levar à perda de oportunidades de transferência de conhecimentos e de inovação.

Conclusão

Para responder a estes desafios, são necessárias intervenções específicas que se centrem na melhoria das taxas de literacia, no reforço das competências técnicas e na expansão do acesso à Internet nas zonas rurais. Os programas educativos destinados a melhorar a literacia digital entre os agricultores são essenciais para lhes permitir utilizar eficazmente as redes sociais como uma ferramenta para obter informações agrícolas. Além disso, os investimentos em infra-estruturas são cruciais para garantir um acesso fiável à Internet, o que é fundamental para maximizar os benefícios das redes sociais na agricultura.

Ao ultrapassar estas barreiras, o potencial das redes sociais como ferramenta transformadora para a divulgação de informação agrícola pode ser plenamente realizado, beneficiando em última análise as comunidades rurais e aumentando a produtividade agrícola na Nigéria e em toda a África.

CAPÍTULO QUATRO
AVALIAÇÃO DAS NECESSIDADES DE FORMAÇÃO

Introdução

Dado que as redes sociais continuam a desempenhar um papel cada vez mais importante na divulgação de informações agrícolas, é essencial compreender as necessidades de formação dos agricultores e dos profissionais da agricultura. Uma avaliação exaustiva dessas necessidades ajudará a identificar áreas específicas onde é necessária formação para melhorar a sua capacidade de utilizar eficazmente as plataformas de redes sociais. Esta secção tem como objetivo avaliar as actuais lacunas de competências e conhecimentos entre os utilizadores e fornecer recomendações para programas de formação orientados que possam capacitá-los para alavancar as redes sociais para o avanço da agricultura.

Avaliação das necessidades de formação específica

1. **Competências de literacia digital:** Um requisito fundamental para uma utilização eficaz das redes sociais é a literacia digital. Muitos agricultores não possuem competências básicas na utilização de telemóveis inteligentes e computadores, o que dificulta a sua capacidade de interagir com conteúdos em linha. De acordo com um estudo de Oladele et al. (2020), um número significativo de agricultores relatou sentir-se sobrecarregado pela tecnologia, indicando uma necessidade premente de formação básica em literacia digital. Isto inclui a compreensão de como navegar em plataformas de redes sociais, criar contas e interagir com conteúdos.

2. **Criação e curadoria de conteúdos:** Para além da navegação básica, os agricultores precisam de formação sobre como criar e organizar conteúdos relevantes para as suas práticas agrícolas. Isto inclui competências para escrever posts cativantes, tirar fotografias de qualidade e partilhar vídeos que possam comunicar eficazmente as suas experiências ou desafios. A investigação levada a cabo por Karanja et al. (2021) sugere que as competências de criação de conteúdos são cruciais para os agricultores que pretendem partilhar os seus conhecimentos e experiências com os seus pares e com os técnicos de extensão. Os programas de formação devem concentrar-se em ensinar os agricultores a comunicar eficazmente as suas mensagens através de vários formatos de media.

3. **Avaliação da informação:** Com a grande quantidade de informação disponível nas redes sociais, a capacidade de avaliar criticamente as fontes é essencial. Os agricultores devem estar equipados com competências para discernir informação credível de desinformação. Um estudo realizado por Mavridis et al. (2022) salienta a importância de ensinar os utilizadores a avaliar a fiabilidade das fontes em linha, especialmente na agricultura, onde a desinformação pode ter consequências graves. A formação deve incluir orientações sobre a identificação de fontes fiáveis e a compreensão do contexto da informação partilhada.

4. **Estratégias de envolvimento:** O envolvimento eficaz nas redes sociais requer uma compreensão de como interagir com outros utilizadores, incluindo pares, profissionais agrícolas e serviços de extensão. Os agricultores precisam de formação sobre as melhores práticas para trabalhar em rede online, participar em discussões e procurar

assistência quando necessário. De acordo com Chisango et al. (2023), a promoção de um sentido de comunidade entre os utilizadores pode aumentar a colaboração e a partilha de conhecimentos. Os programas de formação devem incorporar estratégias para construir relações online e utilizar as redes sociais como uma ferramenta de colaboração.

Recomendações para programas de formação específica

1. **Workshops sobre literacia digital:** A organização de workshops práticos centrados na literacia digital pode fornecer aos agricultores as competências básicas necessárias para navegar com confiança nas plataformas de redes sociais. Estes workshops devem abranger tópicos como a criação de contas, a compreensão das definições de privacidade e técnicas básicas de resolução de problemas.

2. **Cursos de criação de conteúdos:** O desenvolvimento de cursos que se concentrem especificamente na criação de conteúdos pode capacitar os agricultores para partilharem as suas histórias de forma eficaz. Estes cursos podem incluir sessões práticas sobre fotografia, edição de vídeo e redação de publicações interessantes adaptadas ao público agrícola.

3. **Seminários de pensamento crítico:** A realização de seminários centrados na avaliação da informação pode ajudar os agricultores a desenvolver as competências de pensamento crítico necessárias para avaliar a credibilidade dos conteúdos em linha. Estas sessões devem incluir estudos de casos que destaquem exemplos de desinformação na agricultura e estratégias para identificar fontes fiáveis.

4. **Eventos de criação de redes:** A organização de eventos de criação de redes que reúnam agricultores, profissionais agrícolas e extensionistas pode facilitar a criação de relações e a troca de conhecimentos. Estes eventos podem incluir debates sobre as melhores práticas de utilização das redes sociais como ferramenta de colaboração na agricultura.

5. **Módulos de formação em linha:** O desenvolvimento de módulos de formação em linha a que os agricultores podem aceder quando lhes for conveniente pode melhorar as oportunidades de aprendizagem. Estes módulos devem ser concebidos com interfaces de fácil utilização e incluir elementos interactivos, tais como questionários e fóruns de discussão.

Conclusão

Uma avaliação exaustiva das necessidades de formação revela lacunas significativas na literacia digital, nas competências de criação de conteúdos, nas capacidades de avaliação da informação e nas estratégias de envolvimento dos agricultores e profissionais agrícolas nas zonas rurais. A resolução destas lacunas através de programas de formação específicos permitirá aos utilizadores aproveitarem todo o potencial das redes sociais como ferramenta de divulgação de informação agrícola.

Ao investir em iniciativas de formação abrangentes, as partes interessadas podem fomentar uma comunidade agrícola mais informada e ligada, conduzindo, em última análise, a uma maior produtividade e sustentabilidade das práticas agrícolas rurais em toda a Nigéria.

CAPÍTULO CINCO

CONCLUSÃO, RESUMO DOS RESULTADOS E IMPLICAÇÕES PARA A POLÍTICA E A PRÁTICA DOS SERVIÇOS DE EXTENSÃO AGRÍCOLA

A integração das redes sociais nos serviços de extensão agrícola tem potencial para melhorar significativamente a divulgação de informação e o envolvimento dos agricultores nas zonas rurais. No entanto, há que enfrentar vários desafios e necessidades de formação para concretizar plenamente este potencial. Os resultados de vários estudos indicam que, embora as redes sociais possam melhorar o acesso à informação agrícola, barreiras como a iliteracia, a falta de competências técnicas e o acesso inadequado à Internet impedem a sua utilização efectiva. Além disso, há uma necessidade premente de programas de formação orientados para equipar os agricultores e os profissionais da agricultura com as competências necessárias para navegar eficazmente nestas plataformas.

Resumo das conclusões

1. **Papel das redes sociais:** As redes sociais servem como uma ferramenta vital para a disseminação de informações agrícolas, permitindo que os agricultores se conectem com serviços de extensão, pares e oportunidades de mercado. Apesar das suas vantagens, muitos agricultores continuam a desconhecer ou a não conseguir utilizar estas plataformas de forma eficaz devido a várias barreiras (Gakuru et al., 2009; Oladele et al., 2020).

2. **Desafios identificados: Os principais desafios incluem:**

Analfabetismo: Uma parte significativa da população rural não possui competências básicas de leitura e escrita, o que limita a sua capacidade de interagir com conteúdos em linha (Adejo & Opeyemi, 2019).

Competências técnicas: Muitos agricultores não estão familiarizados com a forma de utilizar eficazmente as plataformas de redes sociais (Ramavhale et al., 2024).

Acesso à Internet: A fraca conetividade nas zonas rurais restringe a capacidade de aceder a informações atempadas (Rugova & Prenaj, 2016).

3. **Necessidades de formação:** Existe uma clara necessidade de programas de formação centrados na literacia digital, criação de conteúdos, avaliação da informação e estratégias de envolvimento (Karanja et al., 2021). Essa formação pode capacitar os agricultores a alavancar as redes sociais de forma eficaz para o avanço da agricultura.

Implicações para a política e a prática

1. **Desenvolvimento de uma Política Abrangente de Extensão Agrícola:** A ausência de um quadro político coeso para os serviços de extensão agrícola na Nigéria levou a esforços descoordenados entre as várias partes interessadas (Política Nacional de Extensão Agrícola, 2017). Uma política legislada é essencial para fornecer diretrizes para a prestação eficaz de serviços e garantir a sustentabilidade das práticas de extensão.

2. **Investimento em programas de formação:** Os decisores políticos devem dar prioridade ao financiamento de iniciativas de formação que melhorem a literacia digital

e as competências técnicas dos agricultores. Podem ser desenvolvidos workshops e módulos em linha para responder a necessidades específicas identificadas na avaliação (Mavridis et al., 2022).

3. **Reforço da Coordenação entre as Partes Interessadas:** A coordenação efectiva entre as organizações públicas, privadas e da sociedade civil envolvidas nos serviços de extensão é crucial. Isto inclui o estabelecimento de mecanismos de colaboração entre os provedores de extensão e outros actores no sistema de inovação agrícola (CGSpace, 2023).

4. **Utilização das Tecnologias de Informação e Comunicação (TICs):** A utilização das TIC pode melhorar o alcance e a eficácia dos serviços de extensão agrícola. Os decisores políticos devem explorar abordagens inovadoras que integrem as redes sociais com os métodos tradicionais de extensão para melhorar o envolvimento dos agricultores (Poverty Action Lab, 2021).

5. **Foco na inclusão do género:** Os programas de extensão devem ser concebidos para abordar as barreiras únicas enfrentadas pelas mulheres agricultoras. Assegurar que tanto os homens como as mulheres são visados nos serviços de extensão pode melhorar os resultados agrícolas globais e capacitar as mulheres nas comunidades agrícolas (Poverty Action Lab, 2021).

Conclusão

Em conclusão, a integração das redes sociais nos serviços de extensão agrícola apresenta oportunidades significativas para melhorar a disseminação da informação e o envolvimento dos agricultores na Nigéria. No entanto, para maximizar os benefícios das redes sociais na agricultura, é essencial abordar os desafios identificados através de programas de formação específicos e do desenvolvimento de políticas abrangentes. Ao promover um ambiente de apoio que encoraje a literacia digital e estratégias de comunicação eficazes, as partes interessadas podem trabalhar para melhorar a produtividade agrícola e a sustentabilidade nas comunidades rurais.

REFERÊNCIAS

Aar, S. A. (2023). *As redes sociais e as suas utilizações para os habitantes das zonas rurais.* Makurdi. Aboki Publishers.

Abuta, C. M.; Agumagu, A. C.; & Adesope, O. M. (2021). Mídias sociais usadas por agricultores de culturas arvenses para comunicar estratégias de adaptação às mudanças climáticas no estado de Imo. *Jornal da Nigéria de Extensão Agrícola,* 25 (1), 73-82.

Adejo, A. A., & Opeyemi, A. A. (2019). O papel das redes sociais na divulgação de informações agrícolas entre os agricultores rurais na Nigéria. *Journal of Agricultural Extension,* 23(1), 45-58.

Adeyeye, V. A., Ogunlade, M., & Olatunji, S. (2013). As redes sociais como ferramenta de divulgação de informação agrícola: Um estudo de caso de agricultores selecionados na Nigéria. *Revista Internacional de Extensão Agrícola,* 1(2), 45-52.

Anjuma, S.; Deepika, K. & Ranjeet, K . C. (2021) Uso de mídia social para marketing de produtos agrícolas entre produtores agrícolas em LakhimpurDistrictinAssam: um estudo. *Jornal de Gestão da Extensão Agrícola, 22* (2), 91-99.

ASTI-FIF- ARCN (Agricultural Science and Technology Indicators Farm and Infrastructure Foundation, e Agricultural Research Council of Nigeria) 2009-10. Inquérito sobre Indicadores de Ciência e Tecnologia Agrícola. Inquéritos não publicados. Washington, D.C. e Abuja.

Ayinde, A. F. O.; Fapojuwo, O. E.; Soetan, A. A.; Suleiman, M. O. & Adeyinka, A. O. (2020). Efeitos das mídias sociais na atitude dos pesquisadores em relação ao trabalho no Instituto Internacional de Agricultura Tropical, estado de Oyo. *Jornal da Nigéria de Extensão Agrícola,* 24 (2), 12-22.

Bennett, J., & Bennett, L. (2003). Uma análise dos factores que influenciam a difusão da inovação na estruturação de um programa de formação de professores. *Internet and Higher Education* ,6, 53-63.

Bhattacharjee, S., & Raj, S. (2016). Leveraging social media for agricultural extension services: Opportunities and challenges. *Indian Journal of Extension Education,*

52(1), 12-18.

Bian, J. (ed.). (2008). Conferência Proc. Conferência da World Wide Web, Pequim, China. 21-25 de abril de 2008. ACMPress, Nova Iorque, NY.

Boyd, D.M. & N.B. Ellision. (2007). Social Network Sites: Definition, History, and Scholarship. *J. Comp.-Mediated Comm.* 13: Artigo 11.

Braak, J.V. (2001). Individual characteristics influencing teachers' class use of computers. *Journal of Educational Computing Research,* 25(2), 141-157.

Casmar S.P. (2001). The adoption of computer technology by faculty in a college of education: an analysis of administrative planning issues (Doctoral dissertation, Washington State University, 2001). *ProQuestDigitalDissertations.* (UMI No. AAT 3025011).

Chisango, T., Mavengere, N. R., & Chikozho, C. (2023). Construir comunidades online para a partilha de conhecimentos agrícolas: The role of social media in rural Zimbabwe. *Journal of Rural Studies,* 91, 132-140.

Christofides, E., Muise, A. & Desmarais, S. (2008). Divulgação de informação e controlo no Facebook: São duas faces da mesma moeda ou dois processos diferentes? *CyberPsychology and Behaviour* 12(2) 341-345.

CIARD (2009). Utilizar as redes sociais para comunicar os resultados da investigação. *Versão* 0.1 de outubro de 2009.

Daudu, S., Chado, S.S. & Igbashal, A.A. (2009). Agricultural Information Sources Utilized by Farmers in Benue State, Nigeria (Fontes de Informação Agrícola Utilizadas pelos Agricultores no Estado de Benue, Nigéria). *Tecnologia de Produção Agrícola,* 1; 39-48

Donye, A. O. (2018). Avaliação do desempenho dos meios de comunicação de massa na disseminação de informações agrícolas para agricultores rurais na área de governo local de Girei do estado de Adamawa, Nigéria. *Revista Internacional de Extensão Agrícola e Desenvolvimento Rural,* 6(5), 639-647.

Dwyer, C., Hiltz, S. R &Passerini, K. (2007). *Confiança e preocupação com a privacidade nos sítios de redes sociais: A comparison of Facebook and MySpace.* Em Actas da AMCIS 2007, Keystone, Colarado, EUA, 2007. Recuperado em 15 de maio de 2024, de http://csis.pace.edu/~dwyer/research/DwyerAMCIS2007.pdf

Flaherty, K., Ayoola, G, Ogbodo, J.e Beintema, N. (2010). Nigéria: Recent Developments in Agricultural Research. *Agricultural Science and Technology Indicators* Retrieved from ywww.asti.cgiar.org/pdf/Nigeria-Note.pdf on March 10, 2024

Folorunso, O, Vincent, R.O., Adekoya, A.F. & Ogunde, AO.O. (2009) "Diffusion of Innovation in Social Networking Sites among University *Students:*[1] " *International Journal of Science and Security* 4(3) 361-372

Gakuru, M. (2009). Inventory of Innovative Farmer Advisory Services Using ICTs (Inventário de Serviços Inovadores de Aconselhamento aos Agricultores Utilizando as TIC).

Preparado para a Investigação Agrícola em África (FARA)

Ghosh, M. K., Hasan, S. S., Maria, U., Akon, S., Ali, H. & Al Noman, A. (2021). Mídias sociais em serviços de extensão agrícola: Perspetiva dos Agricultores e Agentes de Extensão. *Revista Europeia de Humanidades e Ciências Sociais,* 1 (5), 36-43.

Gurdeep, S., Pritpal, S., Tiwari, Dr., e Kulwant, S. (2021). Role of social media in enhancing agricultural growth (Papel das redes sociais na promoção do crescimento agrícola). *Indian Journal of Extension Education,* 57(2), 6972.

Idu, E. E., Ajah, A., Alabi, T., & Nnaji, J. N. (2021). Determinantes do uso de mídias sociais na agricultura entre os jovens do Território da Capital Federal. *Jornal de pesquisa direta de agricultura e ciência alimentar,* 9, 36-41.

Ifejika P. I., Asadu A.N., Enibe D. O., Ifejika L. I. e Sule A. M. (2019). Análise da integração das redes sociais na E-extensão por programas de desenvolvimento agrícola na Zona Centro-Norte, Nigéria. *Jornal de Extensão Agrícola e Desenvolvimento Rural,* 11(4),78-84

Ilevbaoje, I.E. (1998). Agriculture Research in Nigeria. *Journal of Agricultural and Rural Development.* 6(1) 1-7.

Inegbedion, H., Inegbedion, E., Asaleye, A., Obadiaru, E., & Asamu, F. (2021). Uso de mídias sociais na comercialização de produtos agrícolas e rotatividade de agricultores no sul da Nigéria. *F1000 Research,* 9, 1220

Isleem, M I. (2003). Relações entre factores selecionados e o nível de utilização de computadores para fins de instrução por professores de educação tecnológica em escolas públicas do Ohio: um inquérito a nível estatal (Doctoral dissertation, The Ohio State University, 2003). *ProQuest DigitalDissertations.* (UMI No. AAT 3124087).

Karanja, N., Muturi, W., & Mwangi, J. (2021). Melhorar as habilidades de criação de conteúdo entre os pequenos agricultores por meio do treinamento em mídia social: Evidências do Quénia. *Jornal Africano de Investigação Agrícola,* 16(4), 123-130.

Mamgain, A., Joshi, U., & Chauhan, J. (2020). *Impacto dos meios de comunicação social na melhoria da extensão agrícola.* boletim informativo eletrónico sobre agricultura e alimentação.

Mavridis, D., Kallivretakis, E., & Koutoubi, S. (2022). O impacto da desinformação nas práticas agrícolas: Estratégias para uma avaliação eficaz da informação entre os agricultores. *Agricultural Systems,* 196, 103284.

McKenzie, J. (2001). Como é que os professores aprendem melhor a tecnologia. *From Now On: The Educational Technology Journal,* 10(6). Recuperado em 16 de maio de 2024, de http://www. fno. org/mar01 /howlearn.html

Medlin, B.D. (2001). Os factores que podem influenciar a decisão de um membro do corpo docente de adotar tecnologias electrónicas no ensino (Doctoral dissertation, Virginia Polytechnic Institute and State University, 2001). *ProQuest DigitalDissertations.* (UMI No. AAT 3095210).

Ogessa, C. M. & Sife, A. S. (2018). Tipos e fontes de informações agrícolas publicadas em jornais. *Huria Journal*, 25(1), 171-181.

Okwu, O.J. & Daudu, S. (2011). Extension Communication Channels' Usage and Preference by Farmers in Benue State, *Nigeria (*Utilização e preferência dos canais de comunicação de extensão pelos agricultores no Estado de Benue, *Nigéria). Jornal de Extensão Agrícola e Desenvolvimento Rural* 3(5) 88-94

Oladele, O. I. (2010). Percepções dos Empregadores Públicos e Privados sobre a Competência dos Licenciados em Agricultura da Faculdade do Botswana.

Jornal de Informação Agrícola e Alimentar 11(3) 222-232.

Olorunniyi, A. A., Ezinne, E. M., Osiboye, O. O., Sennuga, S. O. & Barnabas, T. M. (2022). Efeito dos meios de comunicação social na melhoria dos serviços de extensão agrícola entre os agricultores no Conselho de Área de Gwagwalada, Abuja, Nigéria. *Jornal de Investigação em Ciência e Tecnologia,* 3 (4),24-32.

Oyekunle, O., Apantaku, S.O., Adebayo, K. & Azeez, T.A. (2007) "Farmers' Use of Extension Guide as a Medium of Agricultural Information in Ogun State, Nigeria. "*Assei an International Journal* 2(1); 68-77.

Partap, B. e Manju, P. (2021). Uso de mídias sociais em atividades de extensão agrícola: Um estudo na Universidade Agrícola CCS Haryana, Hisar. *Jornal de Gestão da Extensão Agrícola,* 22(2), 101-115

Ramavhale, S., Nkosi, M., & Masuku, M. B. (2024). Colmatando o fosso digital: Avaliação das necessidades de formação dos agricultores que utilizam as redes sociais nas zonas rurais da África do Sul. *South African Journal of Agricultural Extension,* 52(1), 67-79.

Rogers, E.M. (2003). *Diffusion of innovations* (5ª ed.). Nova Iorque: Free Press.

Rugova, A., & Prenaj, B. (2016). Acesso à Internet e seu impacto no desenvolvimento agrícola nas zonas rurais do Kosovo: Challenges and opportunities. *Jornal de Desenvolvimento Rural,* 35(2), 123-135.

Seemann, K. (2003). Princípios básicos da educação tecnológica holística. *Journal of Technology Education,* 14(2), 28-39.

Verma, M. & Sharma, Y. (2021). Importância dos meios de comunicação social nas actividades de extensão agrícola. *Jornal de Gestão da Extensão Agrícola,* 22(2),79-83.

Índice

MIX
Papier aus verantwortungsvollen Quellen
Paper from responsible sources
FSC® C105338

Printed by Books on Demand GmbH, Norderstedt / Germany